科学真好玩儿

家园保卫战

你愿意在河里划船，还是在海洋里潜水呢？

如果你有一天的时间可以变成一种动物，你会选哪种？

[英] 卡米拉·德·拉·贝杜瓦耶 编

[英] 理查德·沃森 绘

钟晓辉 译

胡怡 审译

你会将物品回收再利用吗？

你是喜欢跑步，还是喜欢骑自行车？

你是像风一样潇洒，还是像太阳一样热情呢？

你最喜欢的动物生活在什么地方？

四川教育出版社

为什么说我们生活的星球正处在危险之中呢？

我们生活的美丽星球正处在危险之中，因为我们没有照顾好它。地球是我们人类，也是所有生活在这里的植物和动物的宝贵家园。

目前，地球上生活着多少人？

目前，地球上的人口超过 77 亿，也就是有 7 700 000 000 个人！我们每个人都有一项重要的工作，那就是保护环境。让我们一起努力，拯救地球吧！

谁应该保护环境呢？

我们所有人都应该保护环境。

保护环境意味着学习怎样使地球既美丽又健康，行动起来吧。一定要有所改变！

什么是空气?

空气是由多种气体组成的。这些气体像一张舒适的毯子一样包裹在地球外面,我们称之为大气。

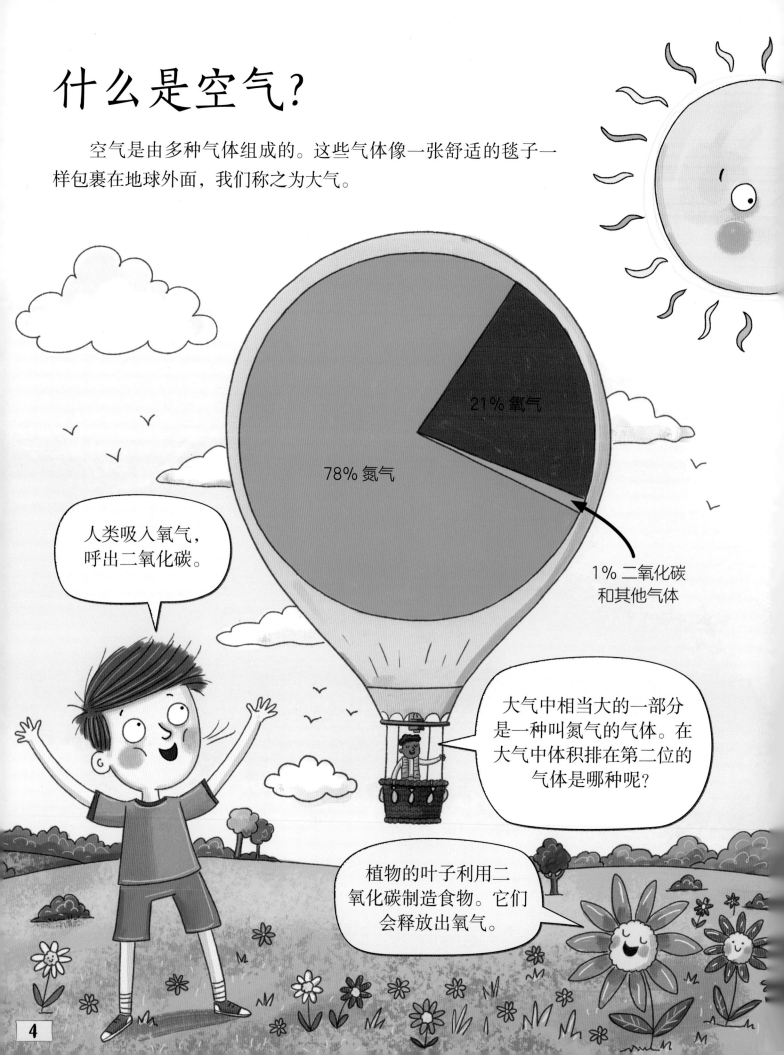

21% 氧气

78% 氮气

1% 二氧化碳和其他气体

人类吸入氧气,呼出二氧化碳。

大气中相当大的一部分是一种叫氮气的气体。在大气中体积排在第二位的气体是哪种呢?

植物的叶子利用二氧化碳制造食物。它们会释放出氧气。

为什么地球需要一层毯子呢？

一层空气毯子会使地球保持适宜的温度。

① 太阳的能量到达大气以后，一些会穿过大气，温暖地球表面

② 地球表面会释放热量，其中一些散发到了太空

③ 大气中的气体会截留一部分热量，并将其反射回地球，使地球上的温度适合生物生存。这叫作温室效应

大气中能够截留热量的气体叫作温室气体，包括二氧化碳、甲烷等。

大气

地球上海洋的温度正在上升，我的家园——冰冻的北极都开始融化了。

地球变得越来越热了吗？

是的。人类活动制造了很多温室气体。这就意味着，有更多的热量被截留下来，所以地球正在不断变暖。天气也受到了影响，我们称之为气候变化。

你知道吗？

一氧化碳

植物会吸收空气中多余的二氧化碳，并释放氧气。所以我们需要森林、田地和公园。

氧气

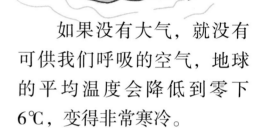

如果没有大气，就没有可供我们呼吸的空气，地球的平均温度会降低到零下6℃，变得非常寒冷。

世界上有超过10亿头牛，大部分的牛都是在农场里养殖的。它们放屁和打嗝的时候，都会制造温室气体。

地球被称为适居带行星，因为它与太阳的距离刚刚好，所以温度非常适合我们生活。

太热　刚刚好　太冷

今天
5 000
岁

你也可以通过植树来帮助地球大气保持健康。一些树的年龄已经超过5 000岁了。

科学家们调查最近 100 年里，地球有多热。他们发现，最热的 5 年都出现在 2010 年之后。

树木可以用来制造下面所有的东西：肥皂、洗发水、橡胶手套、巧克力、纸张、衣服和药物。当树被砍伐后，一定要记得种植新的树木，这非常重要。

植物对于关心地球的人来说，是完美的礼物。

如果把世界上所有的汽车排列起来，可以绕地球 40 圈。想象一下这些汽车得向空气中排放多少废气啊！如果可能，请尽量不要开车出行。

坐火车旅行比坐飞机旅行环保多了，因为飞机排放的废气量比火车多 6 倍。

我们从海洋里捕获的鱼太多了。一些渔网有 60 米宽，一次就可以捕获数万条鱼。

什么是有污染的能源？

燃烧石油、天然气、木材、煤炭会为我们的家庭和车辆提供能量，但这会使更多的温室气体排放到空气中，还会造成污染。

污染就是环境中出现了有害或者有毒的物质。

石油、天然气、煤炭称为化石燃料，因为它们是死去的动物和植物在地球内部经过很多年后形成的

烟中含有有害气体

这个发电厂正在燃烧煤炭。大多数空气污染都是由燃烧化石燃料引起的

这条自行车道上面铺满了太阳能电池板。这些电池板可以将太阳能转化为电能，供人们使用。

自行车怎样帮助拯救地球呢？

骑自行车、滑滑板、走路都是清洁环保的出行方式。1 000 米的距离，骑自行车大概需要 3 分钟，滑滑板大约需要 6 分钟，走路大约需要 10 分钟。

太阳能电池板

什么是清洁能源?

并非所有能量都是通过燃烧有污染的化石燃料获得的,还有很多清洁环保的能源也可以帮我们获得能量。

风力发电机组可以将风能转化为电能,或者其他形式的能量

流水可以用来进行水力发电

风力发电

水力发电

一些国家和地区可以将地热转化为电能,我们称之为地热发电

地热发电

我们怎么才能节约能源呢?

节约能源是最好的环保方式之一。我们可以:

将洗过的衣服挂在外面晾干,而不是用烘干机烘干。

穿上温暖的衣服御寒,而不是用加热器取暖。

离开房间时将灯关掉,将充电器从电源插座上拔下来。

你还能想到其他在家里或者学校可以节约能源的方式吗?

9

为什么水母的数量会迅速增多呢？

　　水母喜欢温暖的水域，由于世界上的海洋变得越来越温暖，所以水母的数量也在不断增加。大量的水母甚至可以组成庞大的群体，迅速繁殖。而鱼类不是很开心，因为水母会吃掉它们。

我们的食物变少了。人类对地球造成的损害影响了所有生物。

为什么我五颜六色的家变成了白色的呢？

　　珊瑚在清洁、温暖的水域中才能生存。当水温过高或者变脏时，珊瑚就会死亡，珊瑚礁会变成白色。

为什么海洋里这么脏呢？

现在的海洋比以往任何时候都脏，因为我们将大量的塑料废物倾倒在海水里。塑料在海洋里分解成微小的碎片，又被动物吃掉。

我们怎么帮助海龟呢？

一些海龟会吃漂浮在海面的塑料袋。它们以为塑料袋是它们最喜欢的食物水母，实际上吃了很多塑料后它们就会死掉。

加入海边清洁队伍，帮助清洁海滩。

记得把垃圾带回家，尽量回收再利用。

使用纸做的吸管，不要用塑料吸管，因为大部分吸管最终都会被扔进海里。

你们用帆布袋子或者结实的、可重复利用的购物袋，不用塑料袋，就可以帮助我们海龟和其他海洋生物。

当你去度假的时候，不要买用动物或者它们的家做成的纪念品。

看数字，学科学

全世界有 **80** 多个国家已经开始利用风力发电了。

在日本，人们用木质筷子吃饭。他们每年会用掉 **90 000** 吨木筷子。你能想出一些有趣的方法回收再利用筷子吗?

回收 **1** 个饮料罐所节省的能量可供电视使用 **4** 小时。

地球内部蕴含着非常多的热能，这些热能如果能转化成各种能量，可供人类使用 **100万** 年。

确保你所有的灯泡都是新型节能灯。这种灯的寿命是普通灯泡的 **15** 倍，而且还能回收。

一个花园洒水器一小时喷洒 **640** 升水。使用喷水壶更加环保。

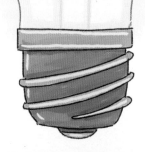

世界上供人们使用的 **85%** 的能源仍然来自化石燃料，很多人正在努力减少化石燃料的使用，你也是吗？

如果你们全班都将纸张回收再利用，那么在一年的时间里，因为你们的节约会有 **100** 棵树免遭砍伐。

制造一个电池所需的能量是储存在电池里的能量的 **50** 倍。所以，尽可能使用充电电池吧。

太平洋垃圾带是北太平洋上漂浮着大量垃圾的一片区域，面积达 **160万** 平方千米。

太平洋

马桶冲水一次，会用掉 **10** 升清洁水。

地球上只有大约 **3%** 的水是淡水，而且大多数都是处于冰冻状态。所以，我们要尽可能节约用水。

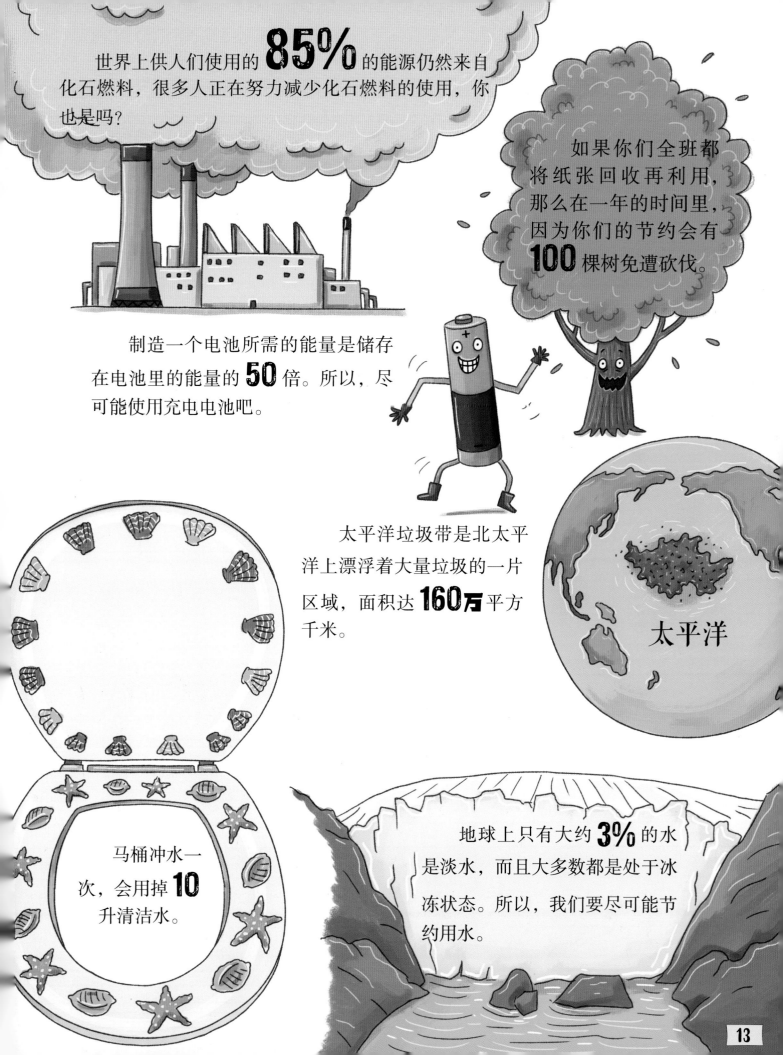

尿尿去哪里了呢？

我们家里产生的所有废水都是通过埋在地下的管道流走的。这些管道称为下水道。

为什么淋浴是最好的洗澡方式呢？

用浴缸洗一次澡，会用掉大约 80 升水，而淋浴一次则只会用掉约 40 升水。

下水道将废水运输到特定地点，在那里废水会被净化，供人们再次利用。

净化水需要用掉很多能量。所以在刷牙的时候请关掉水龙头。你还能想到其他节约水的办法吗？

一些下水道还会收集雨水。如果下水道溢流了，废水就会进入河流或者海洋。

好臭啊！

我的香蕉能走多远呢?

食物原产地与消费者之间的距离可以用食物里程来衡量。

1 香蕉被卡车运到船上

80 千米

2 船穿越海洋

8 000 千米

3 用卡车运送到超市

110 千米

4 开车买回家

8 千米

5 骑自行车带到学校去

香蕉的食物里程是多少呢?里程中的哪一部分消耗的能量最少呢?

3 千米

食物垃圾是如何转化为能量的呢？

当食物腐烂时，会释放出甲烷。可以将甲烷收集起来用于烹饪或者取暖。植物废料也可以用来制造汽车燃料。

4 甲烷被用来为发电机提供动力

5 电供应到各家各户

3 容器中的细菌会将垃圾吃掉、分解，垃圾在分解时会释放出甲烷

也可以从我的便便里收集甲烷！

1 从各家各户、超市和餐馆将食物垃圾收集起来

2 将所有垃圾放在特殊的密闭容器中，氧气无法进入容器

谁是环保小能手呢？

我是！我在自家的花园里种植水果和蔬菜，所以这些食物不存在食物里程。

我把肥料放在花园里，帮助植物生长。谢谢你们，小虫子！

为什么说虫子非常有用呢？

我们大口大口地吃食物残渣、果皮、蛋壳和花园里的垃圾。我们将它们转化为肥料。

17

你更喜欢什么？

同样是节约用水，你愿意与狗狗一起在浴缸洗澡，还是给自己限定淋浴时间？

如果你想把自己的旧玩具回收再利用，你愿意把它们送到慈善商店，还是与朋友进行交换？

你觉得冷的时候，是原地跑步使自己变得暖和起来，还是穿一件厚外套？

你愿意做一只蠕动的虫子在堆肥里吃腐烂的食物，还是做一只蜣螂美美地吃大象的便便？

你喜欢用易拉罐做太空火箭，还是用塑料瓶做潜艇？

如果你在野生动物园工作，你愿意向人们传授自然知识，还是检查鳄鱼的牙齿？

如果你想缩短自己的食物里程，你愿意自己捕鱼，养鸡，还是种植西红柿？

你最想保护哪里的环境呢？是亚马孙的热带雨林，还是寒冷的北极？

动物的家叫什么？

动物生活的地方叫栖息地。森林、草原、河流和沙漠都是不同类型的栖息地。当栖息地遭到毁坏的时候，一些动物就无家可归了，还有可能会灭绝。

加里曼丹岛
红毛猩猩

你的家为什么没了呢？

在加里曼丹岛，人们为了种植棕榈树而砍伐森林。那里平均每小时砍伐的森林面积有 180 个足球场那么大。如果你拒绝购买任何由棕榈油制作的食品，你就能帮我们保住家园。

孟加拉虎

你们怎样帮助保护动物们的栖息地呢？

野生动物慈善机构致力于拯救动物的栖息地。为它们筹集资金是一个好办法。还有一个好办法是，购买对野生动物栖息地无害的食物和产品。

我正在进行慈善筹款活动，为保护野生动物的栖息地筹集资金

为什么雨林
这么重要呢？

雨林是数十亿动物和植物
的家园。当人类把雨林的树烧掉，
将雨林转变为农田的时候，会向
空气中释放大量的二氧化碳，使
气候条件变得更加恶劣。

马来熊

什么原因导致了物种灭绝？

物种灭绝是指一种动物或植物消失了，在地球上一个也没有了。虽然物种灭绝的原因有很多，但人类目前的很多行为给动物们造成了极大的伤害，导致它们很多处在灭绝的边缘。

濒危
欧洲鳇是濒危动物，人们为了获得它们宝贵的鱼卵而捕杀它们

濒危
一些人为了获得犀牛角而猎杀犀牛

灭绝
金蟾蜍可能是由于全球变暖而灭绝的

垃圾都去哪儿了呢？

我们扔垃圾的时候，会进行分类，将不同种类的垃圾扔进不同的垃圾箱。其中一些会被填埋或者焚烧。不过零垃圾生活是最好的！也就是说，我们应该尽可能不制造垃圾。

被染色的乌龟

一些垃圾永远也不会腐烂，会在土壤里存在数百年，甚至数千年。

那里为什么臭烘烘的呢？

垃圾填埋是在地上挖出巨大的洞用来放置垃圾。垃圾慢慢腐烂，会释放出甲烷。甲烷是一种比二氧化碳更加有害的温室气体。

蚱蜢麻雀

鱼鹰

怎样让垃圾变得更环保?

美国的清泉垃圾填埋场曾经是世界上最大的垃圾填埋场,如今那里变成了公园,生活着 200 多种动物。

什么是垃圾焚烧?

这种垃圾是热的,特别热!它们被放在大炉子里焚烧,这种炉子叫垃圾焚化炉。这类垃圾被焚烧而不是被填埋。垃圾在燃烧的过程中会释放很多污染物质。

回收再利用 500 个钢罐,就可以制造一辆自行车!

怎么才能不制造垃圾呢?

如果你重复使用物品或者让物品被回收再利用,你就可以不制造垃圾。下一页的内容会告诉你怎样循环利用或者重复使用物品。这样就可以减少垃圾的总量,相应的需要填埋和焚烧的垃圾也会减少。

控制垃圾数量的三种办法。

这三种办法是：少用、重复使用和回收再利用。通过减少我们消耗的总能量以及减少我们制造的废物，我们就可以让地球变得更美好。

少用

少吃肉类食品可以减少温室气体的排放。

重复使用

重复使用纸张就可以避免砍伐更多的树，帮助拯救森林。

回收再利用

可以通过回收再利用节约能量。这样可以保护地球，使它免受破坏。

便便也可以被回收再利用吗?

可以的。

美洲驼的粪便可以用来生火取暖或烹调食物

大象、犀牛和袋鼠的粪便可以被回收用来造纸

从污水处理厂收集来的污泥可以当肥料用。农民把它们撒到田地里,帮助农作物生长

我们怎样才能少制造垃圾呢?

用可以重复使用的水瓶,里面装上自来水。

塑料很难被降解,所以尽量少买有很多塑料包装的东西。

将午餐放在可重复使用的容器中,或者用蜂蜡材质的包装纸包装,不要用塑料制品包装。

使用用竹子制作的牙刷,不要用塑料牙刷。

我们正在通过什么方式保护地球?

为了让小朋友们有一个美好的未来，在全世界范围内，人们无论是在家、在农场还是在工作场所，都在努力保护地球。保护地球，人人有责。

什么是环保?

环保是人们为保护野外自然环境或特定地区的环境所做的工作。

我的工作是照看大堡礁，并向人们介绍生活在这里的动物。

我们收集木材燃烧，可用于家里的烹调和取暖，但是我们会种植新的树木，代替被我们用掉的木材。

太阳能发电厂是什么？

太阳能发电厂是装有很多太阳能电池板的地方。这些电池板可以收集太阳光，并把它们转化成电能。

> 我是太阳能发电厂的太阳能电池板清洁机器。我们可以清理电池板上的沙子，这样它们就能一直较好地吸收太阳光了。

> 最大的太阳能发电厂建在气候较炎热的国家，里面装有超过 200 万块太阳能电池板。

> 我住在亚马孙雨林，我照看这个我们珍贵的栖息地，为我的孩子和孙子们守住这个宝贵的自然家园。

> 我在南极洲数企鹅，测定这一种群的整体健康状况。

> 我们都能为拯救地球贡献自己的一份力量！

有趣的问题

我们怎么喂野生鸟类呢？

我们可以多种花，这样鸟类在冬天就可以吃花的种子了。我们也可以买鸟食，装在喂鸟器里挂在树上。

还有一个好办法，就是将鸟盆装满清水或者在户外放一碗清水，鸟儿们可以喝里面的水，或者在里面洗澡，但是要远离猫可能藏身的地方。

我们怎样才能少用塑料制品呢？

考虑一下我们是否需要购买用塑料包装的产品。例如洗手液是装在塑料瓶里的，而一些肥皂是用纸包装的。

外出的时候，我们能为大自然做些什么呢？

可以欣赏植物和动物，但是记得不要摘花，也不要侵犯动物的家。一定记得把垃圾带回家。

旧衣服该怎么处理呢？

可以将旧衣服回收再利用，可以把它们剪开当清洁用的抹布。对那些不太旧的衣服，可以出售，也可以和别人进行交换，或者捐赠给慈善机构。